愉快學寫字 ①

寫前練習：點、橫線、直線、斜線

新雅文化事業有限公司
www.sunya.com.hk

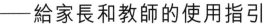
《愉快學寫字》叢書是專為**訓練幼兒的書寫能力、培養其良好的語文基礎**而編寫的語文學習教材套，由幼兒語文教育專家精心設計，參考香港及內地學前語文教育指引而編寫。

叢書共 12 冊，內容由淺入深，分三階段進行：

	書名及學習內容	適用年齡	學習目標
第一階段	《愉快學寫字》1-4 **(寫前練習 4 冊)**	3 歲至 4 歲	- 訓練手眼協調及小肌肉。 - 筆畫線條的基礎訓練。
第二階段	《愉快學寫字》5-8 (筆畫練習 2 冊) (寫字練習 2 冊)	4 歲至 5 歲	- 學習漢字的基本筆畫。 - 掌握漢字的筆順和結構。
第三階段	《愉快學寫字》9-12 (寫字和識字 4 冊)	5 歲至 7 歲	- 認識部首和偏旁，幫助查字典。 - 寫字和識字結合，鞏固語文基礎。

幼兒通過這 12 冊的系統訓練，**已學會漢字的基本筆畫、筆順、偏旁、部首、結構和漢字的演變規律，為快速識字、寫字、默寫、學查字典打下良好的語文基礎。**

叢書的內容編排既全面系統，又循序漸進，所設置的練習模式富有童趣，能令幼兒「愉快學寫字，從此愛寫字」。

第 1 至 4 冊「寫前練習」內容簡介：

中國文字由點、橫、豎、撇、捺等基本筆畫構成，「寫前練習」根據中國文字書寫的基本規律，以及幼兒小肌肉發展的進程和特徵，由「點、線」開始，透過活潑有趣的插圖，吸引孩子進行各種基本筆畫的練習。

書的左上角，以文字介紹練習的內容，並以簡單清晰的圖案，教導幼兒如何書寫。每個練習都以富有童趣的插圖來供幼兒做練習，令幼兒覺得興味盎然。

每一冊的書末都設有複習項目，以加深幼兒的印象。通過這 4 冊練習，幼兒**已基本上掌握了執筆書寫的技巧**，從而為**正式寫字打下牢固的基礎**。

孩子書寫時要注意的事項：

1. 把筆放在孩子容易拿取的容器，桌面要有充足的書寫空間及擺放書寫工具的地方，保持桌面整潔，培養良好的書寫習慣。

2. 光線要充足，並留意光線的方向會否在紙上造成陰影。例如：若小朋友用右手執筆，枱燈便應該放在桌子的左邊。

3. 坐姿要正確，眼睛與桌面要保持適當的距離，以免造成駝背或近視。

4. 3-4 歲的孩子小肌肉未完全發展，**可使用粗蠟筆、筆桿較粗的鉛筆，或三角鉛筆。**

5. 不必急着要孩子「畫得好」、「寫得對」，重要的是讓孩子畫得開心和享受寫字活動的樂趣。

正確執筆的示範圖：

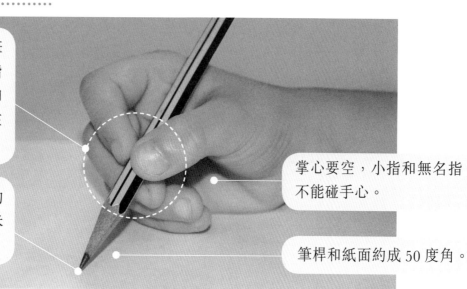

用拇指和食指執住筆桿前端，同時用中指托住筆桿，無名指和小指自然地彎曲靠在中指下方。

執筆的拇指和食指的指尖離筆尖約 3 厘米左右。

掌心要空，小指和無名指不能碰手心。

筆桿和紙面約成 50 度角。

正確寫字姿勢的示範圖：

眼睛與紙相距大約 30 厘米，胸部不要緊貼桌邊。

兩臂自然地張開，伸開左手的五隻手指按住紙，右手書寫。如果是用左手寫字的，則左右手功能相反。

寫字時，身體要坐正，兩肩齊平，兩腿自然地平放地面上。頭和上身稍向前傾，腰要伸直，胸部挺起。

目錄

小雞吃米

西瓜核子

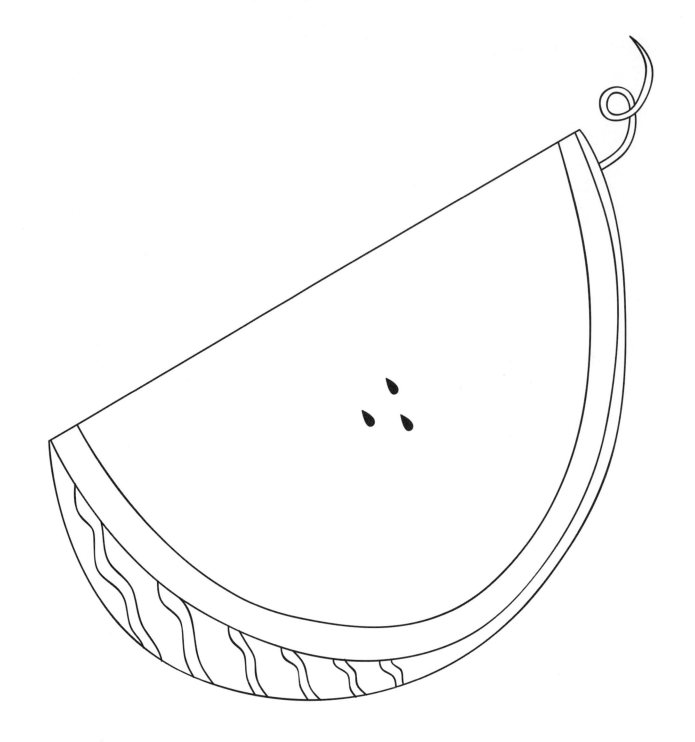

漢堡包

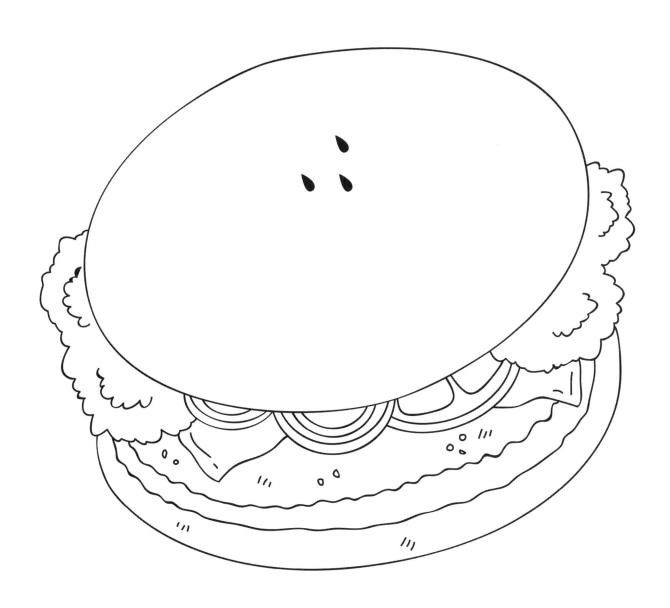

蝸牛走路

 → • – – – – – – – – – – – •

 → • – – – – – – – – – – – •

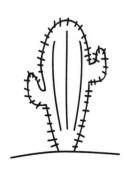 → • – – – – – – – – – – – •

 → • – – – – – – – – – – – •

往上爬

比賽開始

 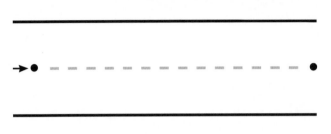 

  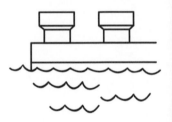

 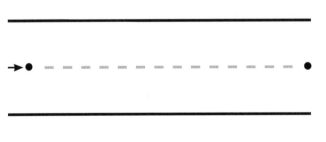 

 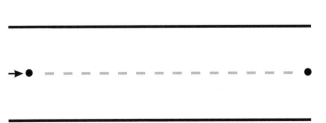 

小動物吃什麼

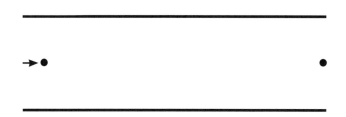

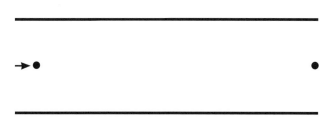

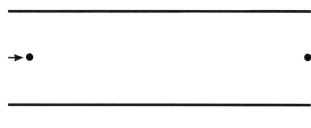

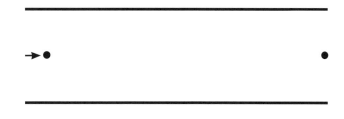

美麗的花兒

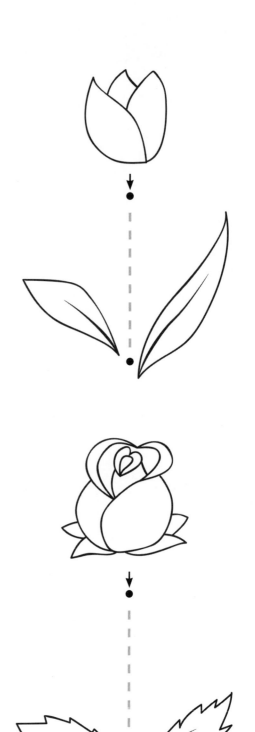

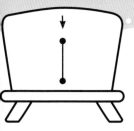

下雨了

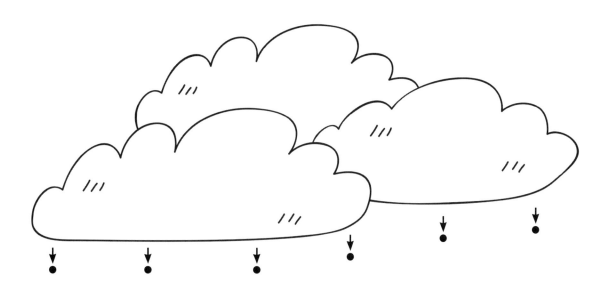

小動物找食物

小動物回家

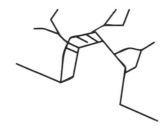

斜線練習

我愛洗澡

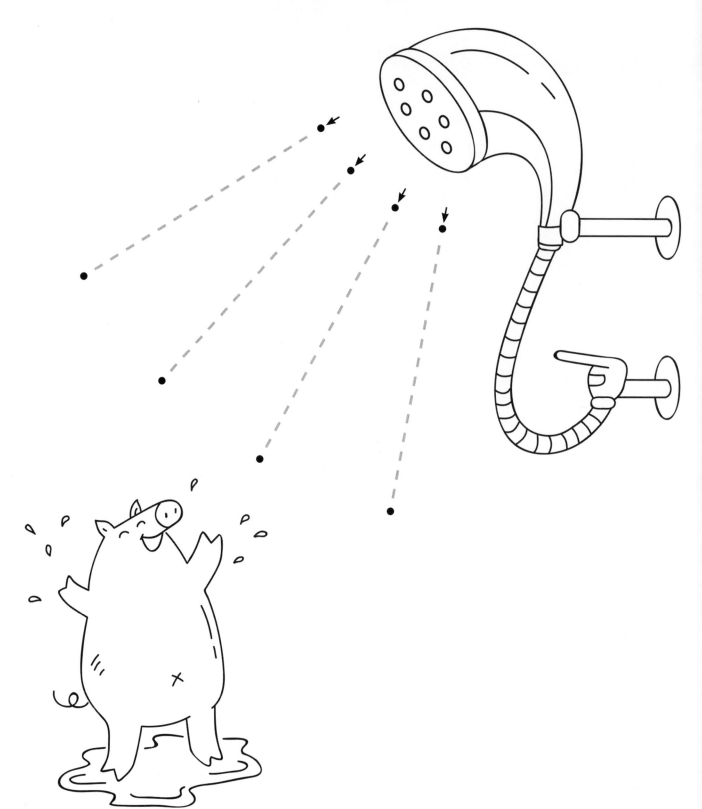

小動物去哪裏

澆花

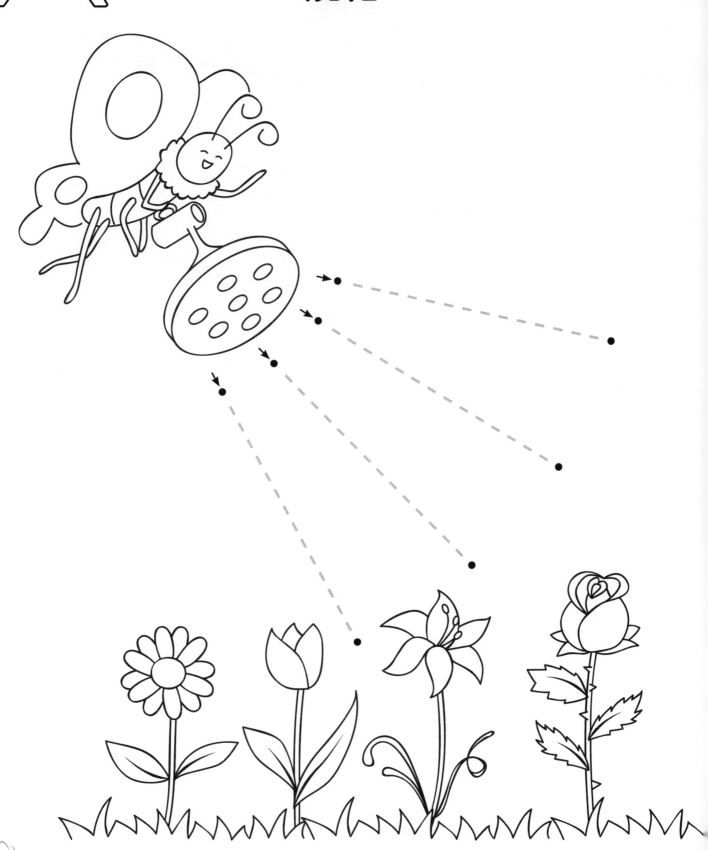

巴士來了

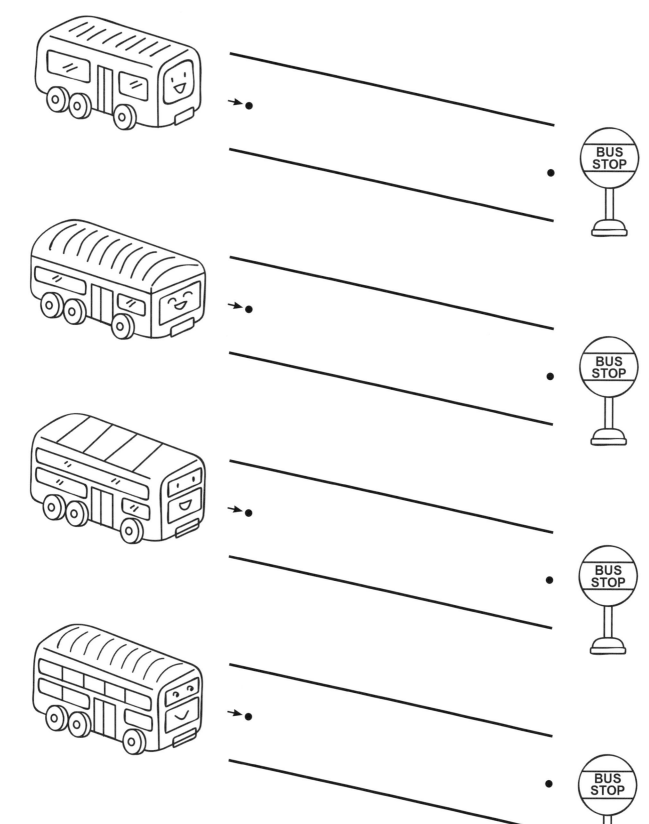

草莓

把東西放好

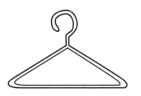

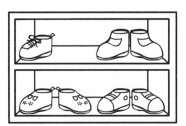

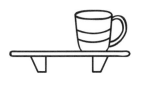

跳傘

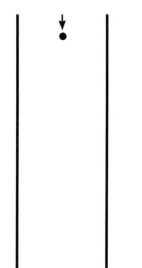
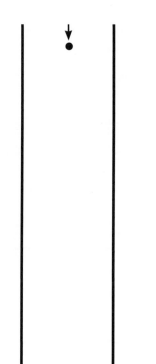
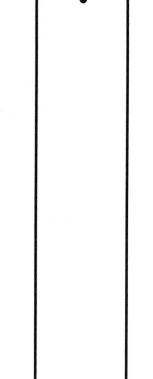

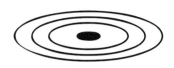
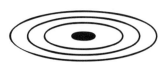
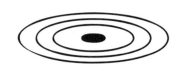

魚骨

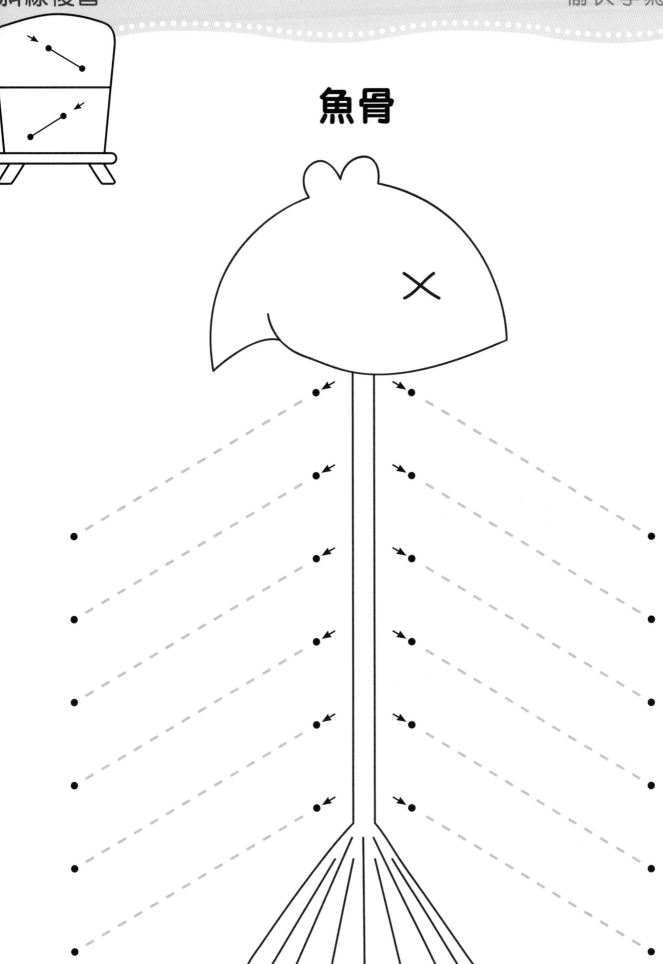

• 升級版 •

愉快學寫字 ①
寫前練習：點、橫線、直線、斜線

策　　劃：嚴吳嬋霞
編　　寫：方楚卿
增　　訂：甄艷慈
繪　　圖：何宙樺
責任編輯：甄艷慈、周詩韵
美術設計：何宙樺
出　　版：新雅文化事業有限公司
　　　　　香港英皇道 499 號北角工業大廈 18 樓
　　　　　電話：(852) 2138 7998
　　　　　傳真：(852) 2597 4003
　　　　　網址：http://www.sunya.com.hk
　　　　　電郵：marketing@sunya.com.hk
發　　行：香港聯合書刊物流有限公司
　　　　　香港荃灣德士古道 220-248 號荃灣工業中心 16 樓
　　　　　電話：(852) 2150 2100
　　　　　傳真：(852) 2407 3062
　　　　　電郵：info@suplogistics.com.hk
印　　刷：中華商務彩色印刷有限公司
　　　　　香港新界大埔汀麗路 36 號
版　　次：二〇一五年六月初版
　　　　　二〇二四年八月第十一次印刷

ISBN: 978-962-08-6292-2